颜隽 编著

THEME AND FORM

SPATIAL EXPRESSION
BASED INTERIOR
DESIGN TEACHING
EXPLORATION

观

与

形

**基于空间表达的
室内设计教学探索**

U0353189

全筑教席系列教学丛书
TRENDZONE CHAIR PROFESSOR BOOK SERIES

上海·同济大学出版社 Tongji UNIVERSITY PRESS

图书在版编目（CIP）数据

观与形：基于空间表达的室内设计教学探索 / 颜隽编著. –
上海：同济大学出版社,2021.6
（全筑教席系列教学丛书；1）
ISBN 978-7-5608-9688-5

Ⅰ. ①观… Ⅱ. ①颜… Ⅲ. ①室内装饰设计 – 教学研
究 Ⅳ. ①TU238.2

中国版本图书馆 CIP 数据核字 (2021) 第 004087 号

出版人：华春荣
责任编辑：晁艳
助理编辑：王胤瑜、徐天艳
平面设计：付超
责任校对：徐春莲

版 次：2021年6月第1版
印 次：2021年6月第1次印刷
印 刷：上海安枫印务有限公司
开 本：890mm×1250mm 1/24
印 张：4⅔
字 数：146 000
书 号：ISBN 978-7-5608-9688-5
定 价：48.00元
出版发行：同济大学出版社
地 址：上海市四平路1239号
邮政编码：200092
网 址：http://www.tongjipress.com.cn
本书若有印装问题，请向本社发行部调换

全筑教席系列教学丛书

观与形

**基于空间表达的
室内设计教学探索**

颜隽 编著

致谢

感谢同济大学建筑与城市规划学院，感谢上海全筑控股集团股份有限公司，感谢朱斌、蒋惠霆等校友，正是你们的支持、资助使得我们得以开展这样的教学实践；感谢同济大学全筑基金，感谢清华大学美术学院张月教授，感谢所有参与、支持、帮助这个项目顺利开展的老师和同学。

序一

在信息化、全球化和工业4.0的进程中，在中国城市建筑进入存量发展的背景下，室内设计正面临着新的发展机遇，并获得空前的发展能量。室内设计是一个涉猎广泛的专业，从家居到公共空间，从静态建筑到交通工具，从地下到太空，乃至现在的虚拟空间，只要是有人存在的内部空间都属于室内设计的范畴，能为社会生活带来无穷的活力。

室内设计涉及领域广泛，学科边界模糊，从业人员众多；既是建筑学中的一个重要方向，又在设计学中占有一席之地。如何在日新月异的时代，探索出一条具有同济特色的室内设计教学、实践、科研的创新之路，一直是我们思考的问题。

同济大学室内设计有其特殊性。它起源于同济大学建筑系1959年建筑学专业中的"室内装饰与家具专门化"，1987年正式成立"室内设计专业"，是国内第一个建立在综合性大学中的室内设计专业；现为建筑学室内设计方向。在专业的发展过程中，其一直秉承同济大学建筑与城市规划学院"缜思畅想，博采众长"的学院精神，坚持多元开放、共创卓越的学术传统，寻求多专业融合、多领域交叉、多理念碰撞、多空间探索的可能性。"全筑教席"是我们在室内设计教学方面的一次创新与尝试，在全筑股份的大力支持下设立，每年聘请一位著名专家担任教席教授，负责一学期的室内设计课程教学。

不同于常规课程，在这里，聘请的是校外专家；不同于短期工作坊，教席教授可以用一个学期的时间开展教学，发挥其特长，甚至可以根据学生的特点定制教学。由此我们希望，"全筑教席"这一平台能汇聚当今业界和相关领域的高端专家、学者、设计师，为我们的室内设计教学提供具有足够广度、深度及高度的精华内容，也为之后的教学创新发展带来推动作用。

清华大学美术学院（原中央工艺美术学院，后简称清华美院）的张月教授作为第一位"全筑教席"教授，将多年的教学经验带到了同济，他最重要的教学成果——学生作业给我们带来了惊喜。4个多月时间，学生开拓思维，勇于创新，以他们之前没有尝试过的方式去思考、去设计，收获颇丰。我们的年轻教师在配合张教授的教学工作过程中也受益良多。

本书浓缩地展示了张月教授的教学理念和风格，也展示了学生在这种碰撞交融中所迸发出的对室内设计的新的理解和表达。我们期待未来"全筑教席"不断带来高质量的、具有新意的室内设计教学理念，把同济大学的室内设计教学推向新的高度！

李振宇

同济大学建筑与城市规划学院院长、教授

2019年10月

4

序二

踏出校门已近30载，回顾在同济室内设计的那些年，感慨颇多。工作多年，略有小成，很感激同济室内设计给我的一切。业界摸爬滚打多年，深感好的设计师难求，高品位的甲方难求。而好的设计师、好的甲方，乃至整个社会欣赏品味的提高都离不开教育，离不开学校，可以说，室内设计兴衰的关键是人才培养。

近期听闻学院正在打造一个室内设计大师授课交流平台，甚为欣喜。作为小有所成的同济室内人，自然希望略尽绵薄之力。

非常荣幸，学院给予我及我的团队这样的机会帮助学院搭建这样的高水平平台，并以"全筑"命名。首届"全筑教席"非常荣幸地邀请了清华美院的张月教授，让我们看到了令人惊喜的成果。学生的作业水平达到甚至超越了我的期望。非常高兴这些教学成果最后能集结成册，也借此机会感谢学院打造这一平台，感谢张月教授的付出。

希望"全筑教席"平台越办越好，为业界输送更多更好的室内设计人才，也为业界提供一个高水平交流互动的场所。

蒋惠霆

上海全筑控股集团股份有限公司联合创始人、澳铻设计集团董事长

2019年12月

CONTENTS 目录

碰撞交融中的「观」与「形」

"观"，观念，借以承载认知和情感；"形"，形态、形式、造型，它既有抽象的表述如符号、点、线、面等，也有具象的、原生于自然的形态。室内设计将两者结合起来，以"观"导"形"，以"形"表"观"，在技术的支持下，呈现多元丰富的"观"与"形"。

——张月

由上海全筑控股集团股份有限公司出资在同济大学教育发展基金会设立"同济大学全筑基金"，在基金的资助下，同济大学建筑与城市规划学院设立了"全筑教席"，每年邀请国内外不同领域、不同背景的专家、学者、业界精英来同济大学教授室内设计课程。他们在任期中将主持一学期的室内设计课程，带来基于他们各自背景、经历的，不同于同济视野的，对室内设计的解读与思考。他们在室内设计及相关领域的观念，对室内设计教学的探讨、实践、研究，会在"全筑教席"的平台上汇聚、碰撞、交叉，产生丰富多样的室内设计理念、教学及实践。

2018年秋季学期，首位"全筑教席"教授，清华美院环境艺术设计系的长聘教授、博士生导师、前主任张月教授受邀来到这个平台，以其从业几十年的丰富的教学、实践经验，带来了基于清华美院、不同于同济建筑学背景的室内设计教学理念。

课程围绕室内设计"观"与"形"展开。张月教授认为，室内设计中观念是非常重要的设计切入点，而室内设计中的界面与空间形态如何反映整个设计观念，是需要重点训练的。

对于建筑学背景的学生，张月教授尤其强调室内设计的独立性，强调室内设计独立于建筑，是对建筑空间的重新阐释，是敷贴、外加于建筑空间的，换言之，是对建筑空间重新赋予"观"的过程。他介绍给学生的"观"是非目的性的，不为某个功能类型空间而产生；是脱离于理性的，不考虑技术、功能的；是"自存在"的，不由建筑本身赋予意义的。他引导学生突破惯性思考模式，突破基于逻辑推理的设计方式，更多地从非理性、发散的"观"去拓宽、延展室内设计所能表达的主题。他启发学生自己发掘"形"，以"形"促"观"的孵化、生长。"观"与"形"在课程中相互引导、呈现、转化，乃至成熟。

在引导学生进行天马行空的主题设定后，他又尽可能广泛介绍室内设计相关的各种知识和技能，并设置多个课题训练学生，在"观"与"形"的转化过程中考量功能和技术、总体与细部，帮助学生完成落地的空间氛围及形态表达。

他采用丰富多变的教学手段，如模拟投票筛选"观"与"形"，以图像引出空间主题等，这些方式，对于受了3年建筑学系统训练的学生而言是新奇、另类的，迫使他们突破惯常的思维方式、设计语言，去尝试更多的可能性。经过4个月的训练，学生从开始的不适应甚至无所适从，到逐渐接受、习惯，乐在其中。他们的思路拓宽了、视野扩展了，设计方法更多样了。

引入不同的观念，将不同观念与方式在一个平台上进行碰撞与交融，正是"全筑教席"室内设计课程设置的目标和存在的意义。我们期待下一位"全筑教席"教授为我们带来新的"观"与"形"。

颜隽

同济大学建筑与城市规划学院 讲师

2019年3月

"经验"是某种成熟的，或者说相对完善的事物。它相对稳定，可以以不变应万变。因此，很多情况下它才会被保持、被继承、被敬重。"试验"则是某种不确定的、有待认知的事物，探索与改变是它的基调，我们在面对未知时常常以它来应对。

我自认在本专业领域内是一个无论实践和教学都有几十年经历的人，是一个有"经验"的人，所以在面对专业工作时，常常是以不变应万变。但当面对一群不同以往的教学对象，这种过往的"经验"在某种程度上有了不确定性。"经验"让我了解，教学体系与学生是有机互动的，不同的教学体系培养出的学生在基本素质上会有差异，而这种差异又会反过来影响教学体系的实施。我旧有的教学经验在面对一个不同的教学体系时可能会不适应，因此需要探索、需要改变，这又带有了某种"试验"的意味。所以，这次在同济大学的教学经历是"经验"与"试验"的纠缠绞结。

清华美院与同济大学是两所在国内设计学科领域具有重要地位的高等学府，而清华美院的环境艺术系和同济大学的建筑与城市规划学院（后简称同济建院），又是在中华人民共和国成立之后最早两个设立室内设计专业的院系，这种渊源让两校一直保持着良好的专业交流。另一方面，两校学科体系构成及定位的不同、历史文脉与地域文化的差异，又客观上促使其专业发展走向了不同侧重与风格。所以，当受邀来同济建院参与教学工作时，我异常兴奋，非常高兴能有这样的一次机会，近距离地与同济建院的各位专业同仁接触与交流。以我个人的经验，一般学术会议及竞赛展览类的交流，尽管也可获得些许信息，但终归是隔靴搔痒，并不能直见真实，直接参与教学才能贴身地感受。因此，这是非常难得的一次交流机会。

一、思考

在来上课之前，李振宇院长曾经授意我可以放开按自己的方式授课，我理解为可以不必顾虑同济建院原有的方式。但我还是慎重地对课程做了思考，因为过去的经验在这里可能会面对很多的不同。这次教学过程与我原本在清华美院的教学还是有很多差异：

1. 整体的教学体系不同

同济建院的室内设计课程是包含在建筑学的课程体系里，为高年级设置的一次性专业课程，既没有前面的室内设计基础课程的铺垫（清华美院是有一系列前导课程），也没有后续的专门的深化训练课题（清华美院有各种室内设计延伸课程），因此实际上近乎是要在一门课里解决一个专业的问题，从比较基础的技能方法到完整设计项目的创意与技术性问题都要包含在内，这是个挑战，在我以前担任的教学工作中还没有遇到过。

2. 学生的知识技能背景不同

清华美院的学生是文科类艺术招生进来的，低年级的基础训练更多是与造型艺术相关的形态认知与塑造训练。因此，在设计课里就不必顾虑学生的艺术形式表现与塑造能力，需要训练解决的反而是理性的方法与技术等问题。而在同济大学，学生是理工类招生进来的，建筑学的基础课程也是侧重于理性方法与技术训练，而对艺术形式及主题的表达、形态的塑造方法与技巧等，相对于清华美院这样的美术学院体系来说还是相对偏少。

3. 专业关注点的差异

建筑设计与室内设计尽管同属于空间环境设计的范畴，但除了设计对象的范畴差别，其关注的问题也有所不同。建筑学更多关注自然环境、聚落空间、社会生活、空间营造技术等宏观性的问题。相对而言，室内设计更多关注具体空间环境中与使用者的功能需求及心灵体验直接相关的，相对微观、相对细节的问题。还有一个明显的差别是室内设计更多关注的是艺术性的空间氛围营造。

二、设定

鉴于上述种种，我这次的室内设计教学课程，无论是在内容还是过程上都不能直接套搬原来在美术学院的做法，教学的侧重点需要调整。

知识重点的设定：
1.强调艺术性与主题的表达。
2.重点关注与人的直接体验相关的微观环境及设施中的功能、技术需求。

课题内容的设定：
课程的设定考虑了同济建院与清华美院教学体系的不同，做了与一般环境艺术专业室内设计课程不同的安排，主要如下：
1.与艺术类院校教学的差异化。在理工科体系的大背景下，更多强调艺术主题与形态的训练。
2.因为是唯一的一次室内设计课程，希望通过设置不同的训练课题，将室内设计相关的各种知识和技能尽量都介绍和训练到，所以设了3个子课题，分为两部分，各有侧重。第一部分为4周的基础性训练课题（课题1），第二部分为有实际的项目背景的综合设计训练，分为各6周的两个课题（课题2、课题3）。

课题1：主题概念的空间诠释
重点训练主题、形态的设计方法。分为具象主题和抽象主题两个小的练习，训练由主题概念到空间形态的转换。具象主题练习是从有具体形态的主题形象发展出一个空间体系；抽象主题练习是把抽象的观念转化成具体的形态，再发展成完整的空间体系。这在现实的室内设计项目中是常见的基本创意手法，也是室内设计师必备的基本能力。同时我也试图通过这样的课题训练强化学生的形态塑造和控制能力。

课题2：办公空间室内设计
办公空间的设计在各种类型的室内设计中，是偏向于强调效率性、功能性、技术性的类型，也更强调对人的行为与微观环境之间的关系的理解。课题设置的目的也在于期望学生通过训练能更熟悉并掌握在室内设计中应用这些理解的方法和技巧。

课题3：酒店公共空间室内设计

在现实的室内设计应用场景中，酒店的室内设计有更多的对文化主题表现的需求，以及商业性空间对个性化、艺术性的空间氛围的需要，这也是室内设计专业领域一个比较独特的方面。期望通过这样的课题训练，强化学生对主题性的表现、空间氛围的营造、细节形态的处理等专业设计能力。

三、总结

实际的教学过程证明，前述的判断和课程设置基本是合理的。在课题1的开始阶段中，学生表现出了不适应。这样的课题脱离了他们习惯性的操作轨迹，脱离了对功能需求、技术要求的线性逻辑推导，只做纯粹的主题和形态的解构、发散与演化。他们较少纯粹的造型语言训练、造型能力偏弱的特点也显露出来，且由于习惯于有具体对象、具体功能要求的设计课题（目标任务型），而对相对跳跃性的、自由的、发散性课题（游戏型）无所适从。这个课题要达到两个目的：①转换学生的设计思考方式，培养与线性逻辑思维不同的跳跃与发散性思维，与理性观念思维不同的感性形态思维。②为后面的设计课题做方法与技巧准备，因为室内设计尽管与建筑设计同属空间设计，但其更加注重主题与艺术形式表达。没有这样的铺垫，后面的课题将难以顺利进行。

尽管4周的课题1训练不可能让学生改变太多，但能让他们意识到感性形态思维、造型语言设计能力的不同，以及其作为设计方法之一的重要性。根据课题1的反馈，后面的课题2、课题3也重点强调了主题性表达与空间形式语言的训练。通过反复的训练，强化学生对于这种设计方法的认知与应用能力。

通过这次教学过程，我对室内设计课程在类似同济建院这样的建筑学为主导的教学体系内的意义有了新的认识。第一，在学院的整体学科构架，室内设计课程的学时、内容、容量、学生个人专业发展诉求等多方因素的影响下，不能指望靠一次性的室内设计教学课程就能实现学生完整的室内设计专业能力的构建,有必要适当增加关联性的课程。虽然不一定像设计学的室内设计专业一样设置独立的专业课程体系,但一次课程肯定是远远不够的。第二,与独立的室内设计专业教学不同,在建筑学的教学体系内,室内设计课程的意义除了专业训练,也体现在其他方面:

1.室内设计更多地关注文化与艺术主题的表达,更强调空间艺术形式的塑造和个性化,更多地借助和应用造型艺术的手法。这样的课程训练可以辅助、补强建筑学专业的艺术形式语言能力。在未来大数据、参数化、人工智能等技术大潮的影响下,对于综合了人文与技术两大领域的设计学科来说,个性化、跳跃性的艺术形式、设计语言对于设计创新而言可能更有价值。

2.相对来说,建筑学更关注自然环境、城市、空间构建技术等大尺度的问题,而室内设计则主要关注与人关系更密切的近人的、微观的小尺度细节问题的研究,因此室内设计课程同样可以补强建筑学对空间细节设计能力的建构。

所以,从这些意义上来说,室内设计课程在建筑学教学体系里也是具有重要意义和独特价值的一部分。

张月

清华大学美术学院长聘教授,博士生导师,前环境艺术设计系主任
2019年3月

课题一
主题空间

TOPIC 1
THEME SPACE

室内空间的主题设定和形态演化是室内设计师的必备能力，也是课程的重点训练内容。从纯粹的主题、概念化空间出发，训练学生这两种能力。由于排除了特定功能空间的技术、功能等要求，学生可以摆脱功能、技术的限制，脱离从功能、技术出发的设计路径，专注于主题与形态的思考和探索。该课题又分两个小练习，分别训练学生从图像为代表的具象主题和以文字为代表的抽象主题中，提炼设计母题，并进行形态演进的能力。第一个小练习提供了一组表现某一物体的图片，让学生描绘图像—抽象提炼—设定母题，将对这些图片的印象归纳成某种形态母题，最后将这些形态母题，运用到一个8×8×8的概念空间中，对其进行设计。第二个小练习则提供了几个描述性文字，让学生分别对这几个文字进行联想扩展—筛选提炼—再联想扩展—再筛选提炼，将对空间主题的描述转化为对形态的描述，将它们作为空间主题的起点，让学生围绕这些文字，对一个8×8×8的概念空间进行设计。

01.
SUMPTUOUS
华丽

HUANG MANSHU

————

黄曼姝

本设计选取关键词"华丽"，以及"华丽"的衍生词"宴会"，对应次级关键词"喷泉""薄纱""裙摆""裙撑""香槟""酒杯"，意图将所有元素组合在一个空间中呈现一场华丽宴会的3个阶段：开端、高潮和尾声。宴会开场，从顶面的4个角部降下瀑布，预示着狂欢的开始；瀑布的水汇聚到池底变幻为香槟酒，应和华丽的宴会的氛围。在香槟酒的波浪中一层层薄纱飞升而起，再次来到顶面，和裙撑一起编织成为华丽的长裙，象征高贵的宾客上场，到达本次宴会的高潮。同时，长裙周围还有飞溅的香槟酒和摇晃的酒杯，渲染宴会欢乐的气氛；然而接下来，裙摆撕裂飘落，酒杯破碎沉底，所有宴会都有散场的时候，衰败的景象暗示着宴会的尾声。

"宴会" 最终效果轴测图

17

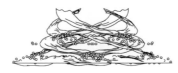

立面图

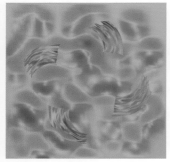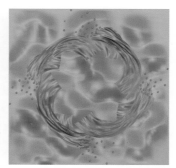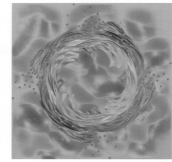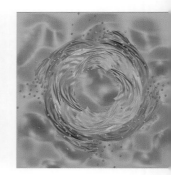

俯视图

开端

发展

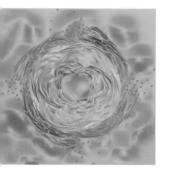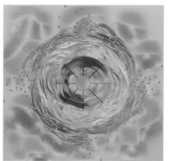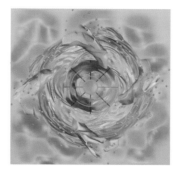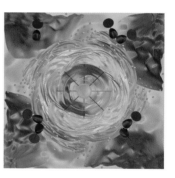

高潮

尾声

02.

ELEGANT
典雅

ZHAN QIANG

詹强

选取"竹",从形态、材料特性等方面分析,将其转换为空间形态。选取"茶道"这一与竹相关的品茶方式,通过研究茶道动作,获取空间域,得到适合茶道的空间。保留竹的形态,在其基础上转化表面材质,呈现出不同的空间氛围。当对竹改变其材质属性,只保留其形态属性时,营造的场景的氛围也将随之变化。

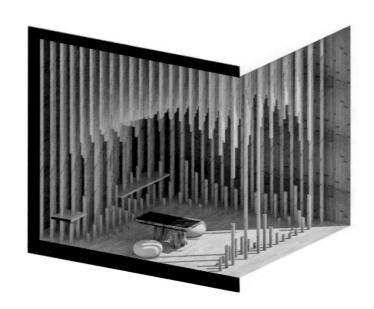

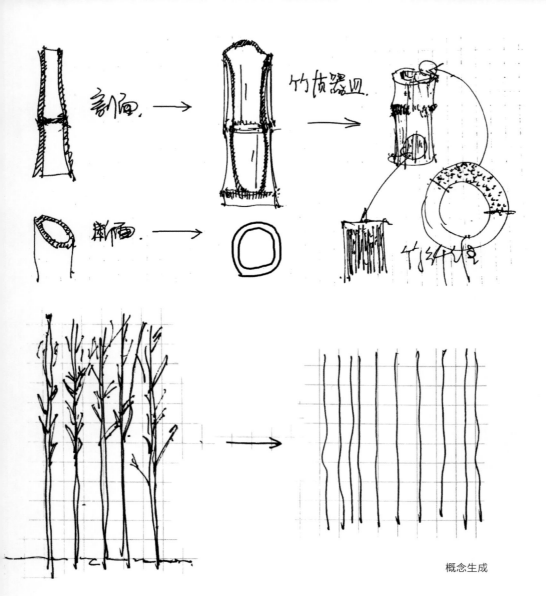

剖面.

竹质器皿.

断面.

竹林情境

概念生成

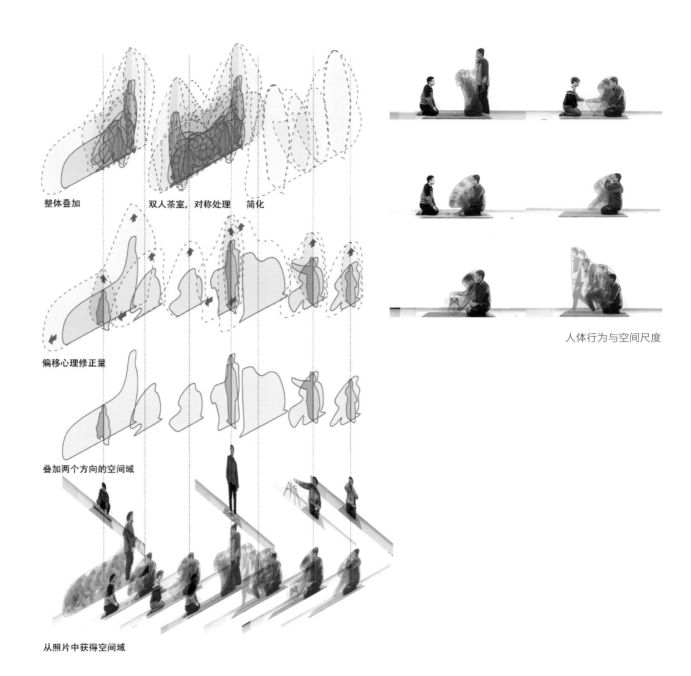

整体叠加　　双人茶室, 对称处理　简化

偏移心理修正量

叠加两个方向的空间域

从照片中获得空间域

人体行为与空间尺度

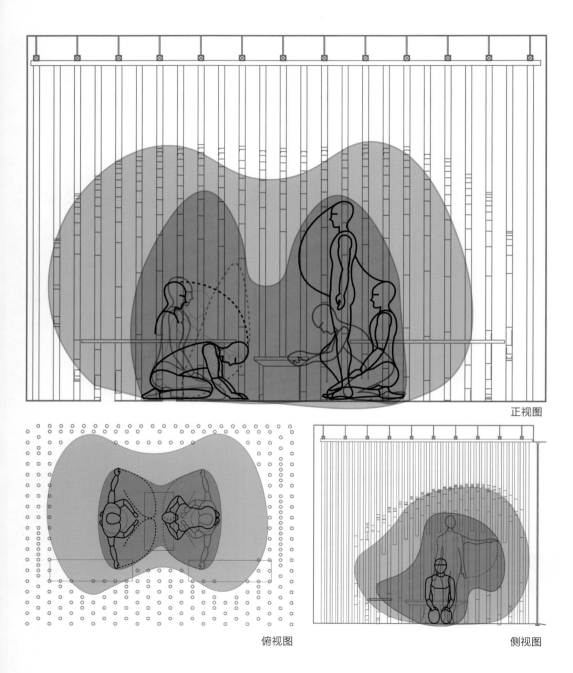

正视图

俯视图

侧视图

03.

ZEN
古朴

TIAN TIAN

———

田恬

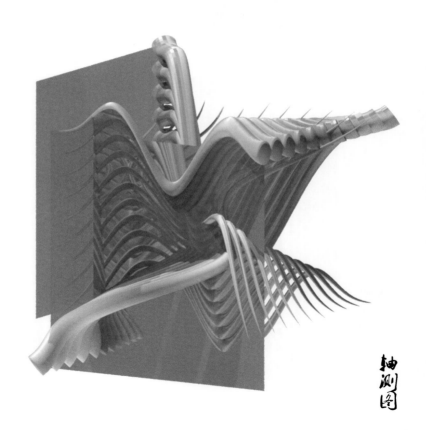

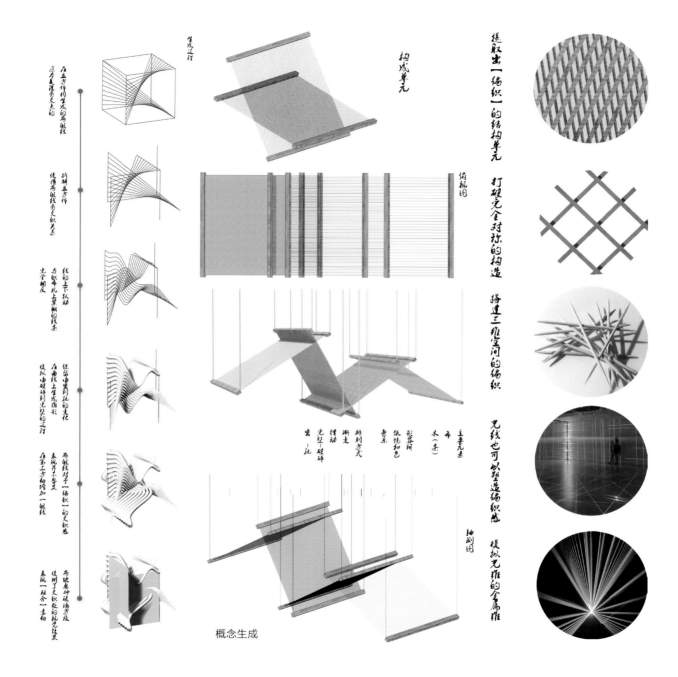

概念生成

04.
ELEGANT
典雅

ZHOU HUAZHEN

———

周华桢

"典雅"，字典解释为高雅而不粗俗，清洁、自然、宁静、淡泊。而中国古典山水画通过对山水写意的描绘，透露出的正是典雅的氛围之美。方案希望通过运用现代材料对传统山水画进行转译，将古典的韵律之美表达出来，通过对古画中山水的"势"之营造的解读，以材料组合的形式语言形成典雅之"势"。S形的构图方式会让人感觉画面中有来有回，带来一种类似于太极阴阳的此消彼长的动势。中国山水画讲究流动视点，擅长"仰观俯察"大自然，因此平面中的这种势是在多视点、来回流动的对立统一关系中营造出来的，画面也因此拥有了层次感。

剖面

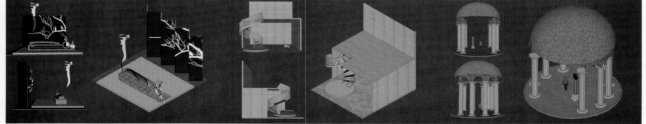

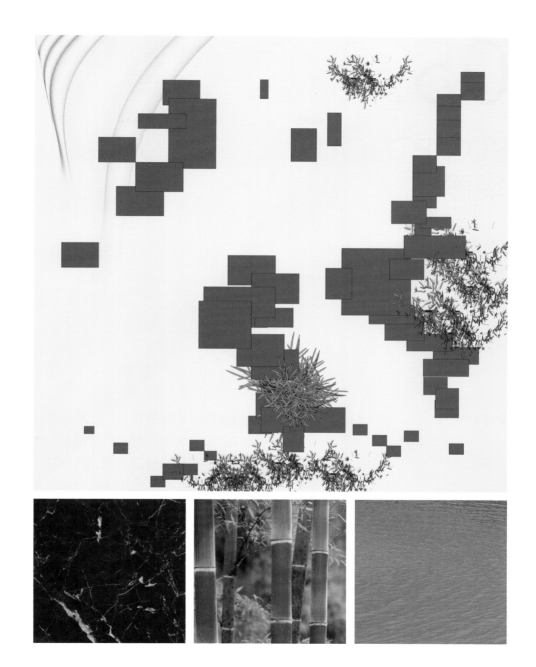

核心材料：
黑色大理石，温润如玉
墨绿竹子，清新生机
水面波纹，透彻明亮

05.
SUMPTUOUS
华丽

WU YIWEN

———

吴伊雯

以"华丽"为题的空间意象设计。选择从"华丽"衍生出的"绒毛""钻石""香槟""喷水池""玫瑰""裙撑""彩色玻璃"7个意象，分别演化、转变、提炼，形成一系列空间关键形态："绒毛"的连续、起伏、微小、柔软形态重新建构为细小的波浪线；锐利、多切面、光滑、闪烁的"钻石"重构成万花筒般多向对称的排列方式；"香槟"的气泡、波形指向曲线和圆；"喷水池"的放射状、高低错落暗指空间元素的组合方式；"玫瑰"带刺、绽放的形态引出花瓣状的形态；"裙撑"的放射状、骨架、立体感暗指空间形态；"彩色玻璃"的多彩、多面、不规则、透亮、拼贴暗示空间材质、色彩。综合以上这些关键词的特点，将其转化重构成一个全新的空间。

设计及变体

06.

ZEN
古朴

CHEN SHUYING

———

陈淑英

本设计搜寻、提取窗花、麻绳和瓦片3种不同的空间设计元素，将其简化抽象，提炼成本设计的主要空间元素。抓取窗花由不同层面框架形成有规律的图形；提取麻绳用以制造牵引、拉伸的空间视觉效果；提炼瓦片弯曲的材料形态特点及层层堆叠的建构方式，将3种元素由繁化简并重新组合排列，形成特殊的空间元素，以特定的组合方式，增加每种空间元素的数量，强化这种空间元素，形成一个特殊的供人休憩的空间。

轴测图

俯视图

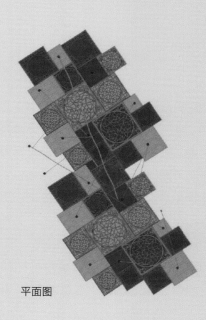

平面图

课题二
办公空间

TOPIC 2
OFFICE SPACE

办公空间设计需要体现高效、严谨的氛围，强调功能和技术，强调人体尺度、微观环境及与整体氛围的关系。以一个特定的办公空间为设计目标，让学生学习把握空间与其中人的情绪、行为的关系；训练学生将功能、技术与形态、主题进行匹配的能力。

设定的空间是一个二层高、带挑高中庭的"金融创意集"，是一个为金融机构和创意团队或企业提供交流、洽谈、信息发布等功能的办公空间。这个空间与传统办公空间功能不同，要求具有多元空间氛围、满足多重功能需求：既需要有创意公司的活力、新颖的空间特征，也需要体现金融企业安全严谨、资金雄厚的空间特点；既需要有大型的集会、展示、信息发布空间，也需要有重复性的小型单元空间。学生将在满足技术、功能、形态、氛围等多重空间要求的前提下，寻求特色空间主题，以获得能力的综合提升。

01.

BETWEEN SQUARES AND CIRCLES
方圆之间

HUANG MANSHU

———

黄曼姝

金融集是为金融投资行业提供办公空间、为金融圈和创业圈提供见面洽谈场所的地方，应有办公和会晤两种功能空间。设计意在区分两种空间的氛围，办公空间较为规整私密，会晤空间更加灵活、流动、开放。设计所在的建筑体量较为方正，适合作为办公空间。首先沿着建筑外围划分出办公空间，为办公提供安静私密、采光充足的环境。在中间部分内置圆形围合的小空间，作为短期出租的办公室，为暂时租用的办公人员提供更灵活也不失私密的空间。利用长虹玻璃这种多重折射的材料形成半透明的围合效果，圆形围合形成的外部空间形状不规则，增加了外部空间的流动性，有利于促进人员在其中的行走交流。地面上从每一个小空间扩散开来的圆形图案表达空间的能量的辐射和相互渗透，暗示本空间促进交流合作的意图。核心筒另一侧是开放的交流会议空间，半围合的环境、自由的家具布置，为这个开放空间带来了更多的可能性。

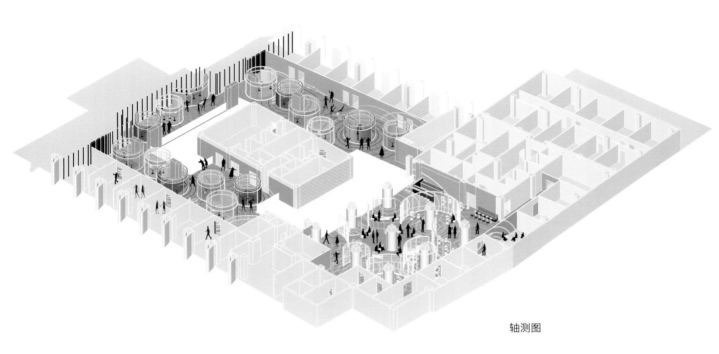

轴测图

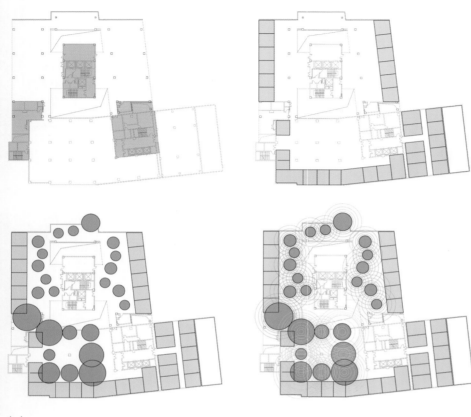

1 原有建筑空间
2 排布外围办公空间
3 加入内部流动空间
4 空间的能量辐射

1 原有建筑空间
2 排布外围办公空间
3 加入内部流动空间
4 空间的能量辐射

5 办公区效果图　6 交流区效果图

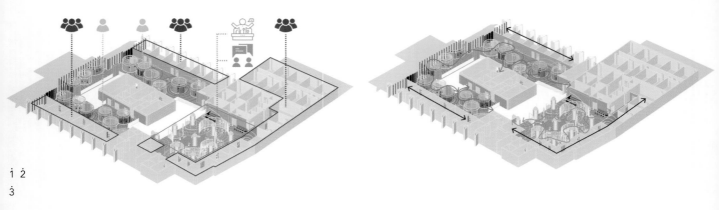

1 功能分布
2 空间流线
3 交流区效果图

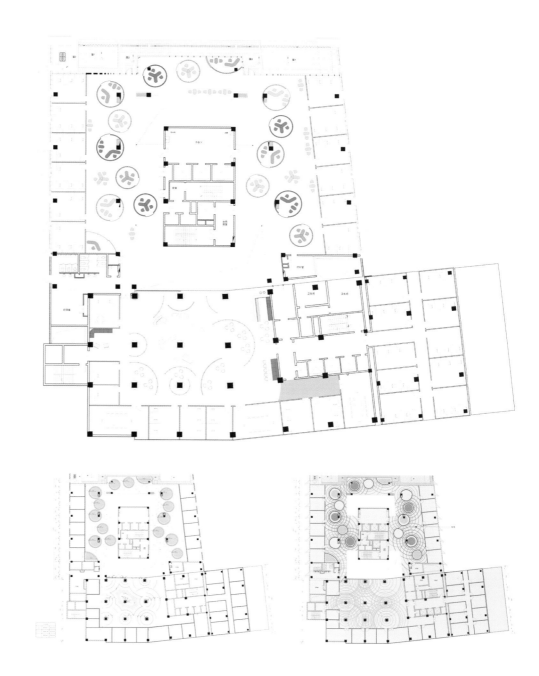

4 平面图
5 顶面图
6 铺地图

02.

GREEN CUBE
绿色魔方

ZHAN QIANG

詹强

现代的办公空间太缺少绿色了。所以设计师希望在这个都市中的办公空间中引入自然元素，给办公人员提供一片绿色，让他们在办公的同时得到自然滋养。金融企业需要独立的单元化空间，创意企业需要交流、展示的空间，不同的空间性质需要不同的空间氛围。在这里，设计师采用了方块作为空间形态母题，使其贯穿于整个空间。大大小小的方块叠合、繁衍，或成空间的方盒子，或成材料表面上的方形图案。这些方形被加以不同深浅的绿色，赋以不同材料，暗喻绿叶、森林，或被加以不同深浅的棕色，暗喻土壤，共同组织起一个自然的办公氛围。而不同尺度的方块隔构成的不同尺度的空间，正好形成了金融企业需要的单元空间，以及创意企业需要的交流、展示空间。一切自然而然，整个空间"春意盎然"。

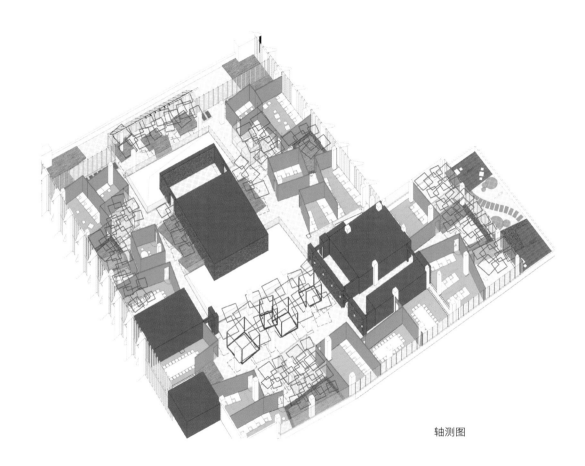

轴测图

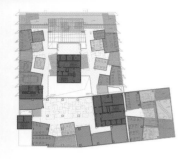

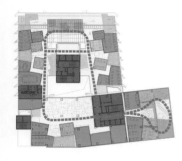

1 办公区与交流区穿插布置

2 交通流线环通

3 设置边院模糊了内外边界

4 交通区域边界与交流区互相穿插

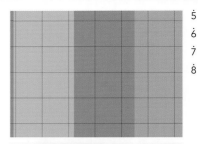

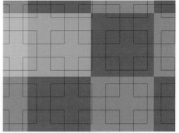

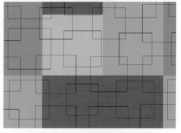

图案生成过程

5 正交划分

6 单元格缩放

7 随机变化

8 随机旋转

9 用盒子划分空间，形成活泼的公共空间边界

10 盒子吊顶限定的公共交流空间

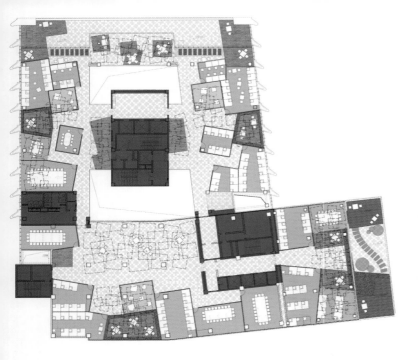

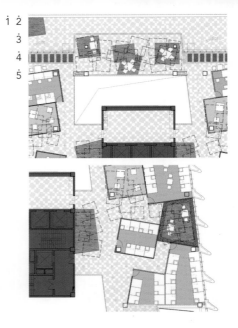

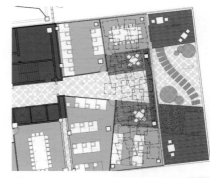

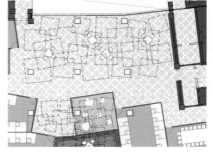

1 平面图
2 北侧室外空间
3 茶歇区
4 东侧室外空间
5 公共交流区

6 办公室效果图
7 办公空间与其外部的休息平台连成一体
8 办公室剖立面图

03.

MAGNET, SHOW
磁场 · 秀场

TIAN TIAN

———

田恬

以磁感线生发出的图案作为平面基础，同时统一铺地、天花纹样，引导使用者走向某一中心。可拉伸的金属卷帘创造了自由的活动空间，能够满足各种使用需求。材料上，地毯选用毛毡以更好地吸音，顶部小卷帘做成空心，内塞吸音棉。部分金属卷帘底部安装LED灯带，是集照明、吊顶、分割空间于一体的装置。中庭用倾斜的楼梯和钢桁架搭建错落有致的平台，材料的选用上使用雾化玻璃，既能保证中庭通透性，也能保障使用者的安全。透明的玻璃与垂挂在中庭上空、镶嵌在核心筒或楼梯上的钢架立方体一起，构建出一个对比鲜明、富有张力的极致秀场。

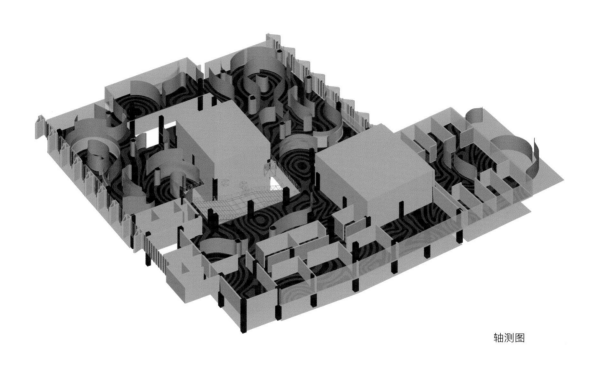

轴测图

磁感线纹理生成过程

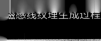

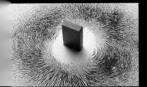  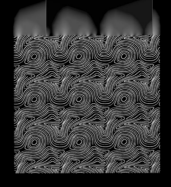 

从自然磁感线出发，生成一
个四方连续曲线集合单元

通过偏移，调整曲线间距
使之符合使用要求

通过旋转比对平面图，
找到一个合适角度生成卷帘

平面图

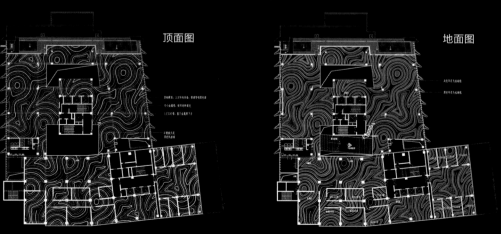

顶面图

地面图

卷帘细部

立面图1

剖立面图

办公区域

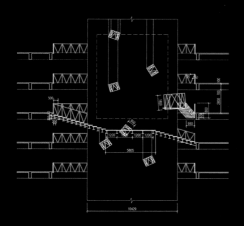

剖立面图

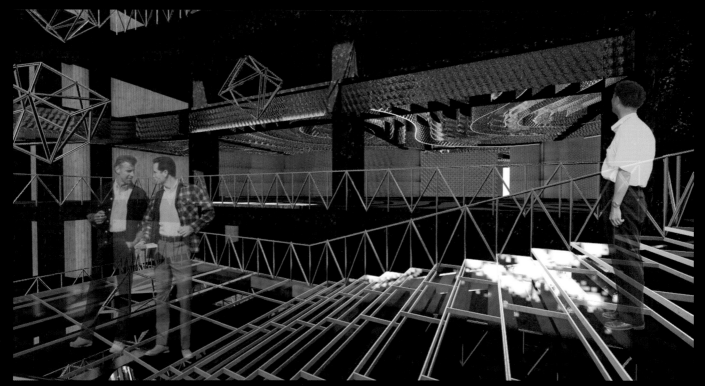

中庭

04.

DATA AGE
数据时代

ZHOU HUAZHEN

————

周华桢

我们日常工作应对的是一个虚拟的、数据驱动的世界。

————Sam Riley（Ansarada 首席执行官）

21 世纪是数字化时代，我们被数字、数据包围。在这个时代的办公空间中，数字是无可避免的存在。本设计的概念正来源于此。在这个"金融创意集"中，设计者尝试用视觉化了的虚拟数据表达我们这个时代无所不在的数字和信息。设计参照环形拓扑数据结构进行空间上的划分，将整个金融集办公空间划分为 5 个部分，每个部分都有独立的交易大厅，成为该部分的核心。部分与部分之间通过大厅连接。进入办公空间要先到达各自大厅，从而在空间中形成一种环境的网络拓扑结构以及层级关系。

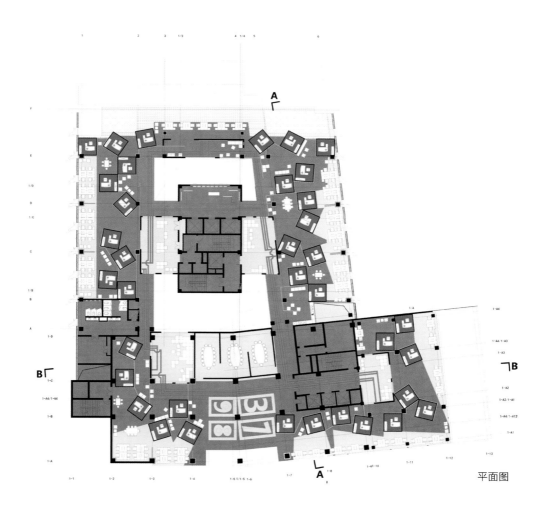

平面图

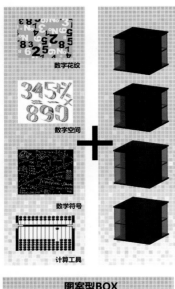

数字花纹

数字空间

数学符号

计算工具

图案型BOX

键盘墙

空间型BOX

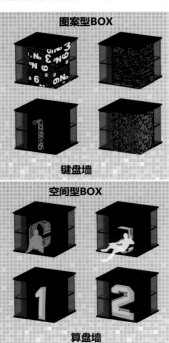

算盘墙

概念生成图

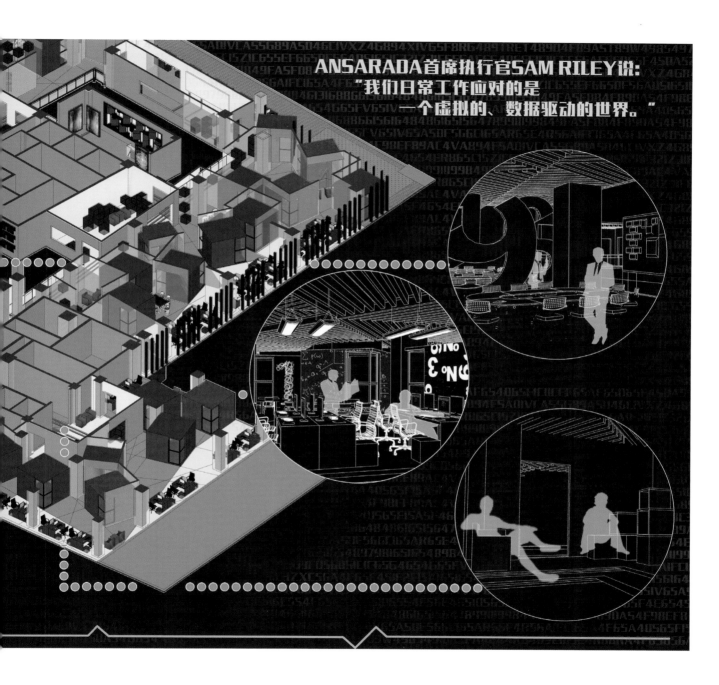

ANSARADA首席执行官SAM RILEY说：
"我们日常工作应对的是
一个虚拟的、数据驱动的世界。"

办公区效

休息区效果图

05.

SPACE IN SPACE
空间中的空间

WU YIWEN

————

吴伊雯

金融公司和创意公司是性格完全不同的企业，它们所需要的空间也完全不同。金融给人严谨、规整的感觉，而创意给人活跃、跳动的感觉。本设计中用框架的形来表现金融企业所在空间的严谨，而框架的色彩则暗示创意企业的跳跃感、活跃度。整个空间都被框架所笼罩，在需要进行交流、合作的空间中，用无形的剪刀剪掉部分框架，让框架显现空间的适宜性和活跃性。同时将两种主要色彩运用于框架上，相互交织，暗示金融和创意在这个空间中交互、融合。

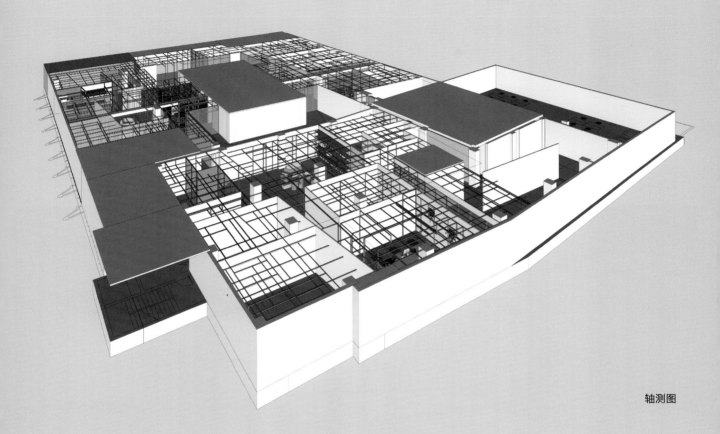

轴测图

1 2 3
4

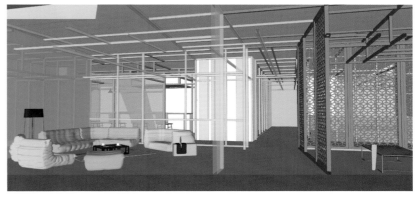

1~2 网格生成分析图

3 交通流线分析图

4~7 办公区效果图

平面图

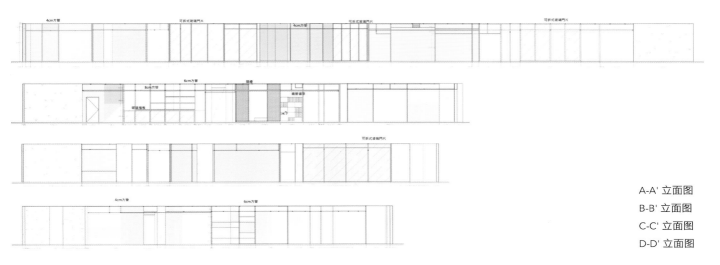

A-A' 立面图
B-B' 立面图
C-C' 立面图
D-D' 立面图

效果图

67

06.

FUSION CIRCLE
融圆之间

CHEN SHUYING

———

陈淑英

金融业讲究互助合作谋发展，而创意则需要在和谐的氛围中获得 idea。设计师认为：金融和创意共存的空间应该强调和谐共荣。圆是一个用来表达完满、和谐的图形。所以，设计师将圆引入空间，用于表现金融与创意两种空间力量的和谐交融。同时，设计师将圆进行大小变化，形成多个同心圆的空间形态，表现金融和创意"同心协力，共创未来"。再根据功能氛围需求对这些同心圆进行剪切，以形成不同功能区域，如交流区、办公区等，以适应不同功能需求，并创造不同空间氛围。

效果图

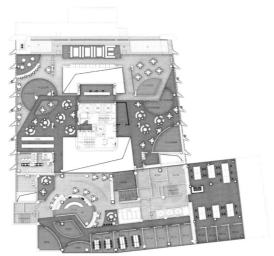

平面图

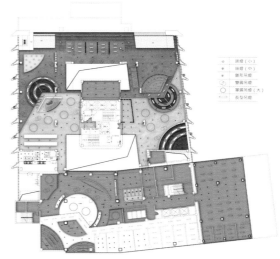

顶面图

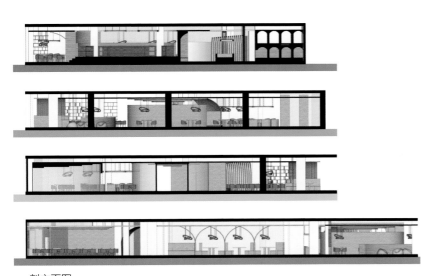

剖立面图

课题三
酒店空间

TOPIC 3
HOTEL SPACE

当今的酒店不仅要满足住宿需求，更需要以特定地域文化特色彰显其文化品位、艺术特色。该课题以酒店作为设计目标空间，利用酒店公共空间特别的氛围需求，训练学生对于地域文化空间的敏感性，强化主题设定、技术配合、细节把控等能力。

这个课题以某个都市中的精品酒店室内设计为题，要求学生挖掘某种中国地域特色文化，将其概括、重构成某种设计母题，运用特定的形态设计语言，为酒店大堂、电梯厅及餐厅等空间进行相应的主题设计。通过课题，训练学生搜寻、发掘地域文化的能力，发散、异化、归纳设计母题的能力，以及以特定形式语言诠释、建构特定主题的能力；同时，训练学生对形态语言的把控、空间氛围的塑造、技术细节的处理能力。

01.

VARIATIONS OF COLOR
色彩的变奏

HUANG MANSHU

———

黄曼姝

本设计吸取了孟菲斯派的设计手法，选取了明亮的色彩和富有新意的图案来营造整个空间氛围，打造一个充满活力的酒店公共空间。在铺地图案的构图上以及围合空间的形态上，打破原有空间的横平竖直的线条，采用曲线、曲面和直线、平面的组合，突破传统室内设计，取得意外的装饰效果。铺地图案在孟菲斯派的现代风格的彩色色块图案中加入了中国传统纹样的纹理，赋予装饰更细层次的丰富性。中国元素的加入使得这个空间不拘于纯粹的西方现代风格，而是获得了中西并赏的视觉体验。传统和现代的碰撞，东方和西方的交融，显示了设计的双重译码，既是大众的，又是历史的；既是色彩的挥洒，又是传统的呈现。空间中图案和色彩的涂饰超越了构件和界面，突破了空间结构的限制。室内的家具设计风格与整体相统一，采用几何体块的组合，具有任意性和展示性，既是实用的家具，也是观赏的艺术品。

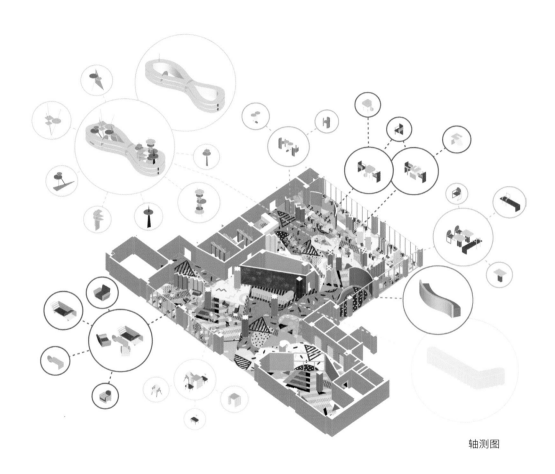

轴测图

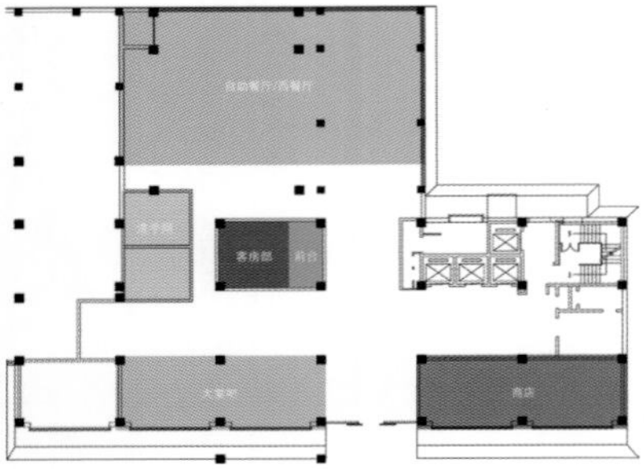

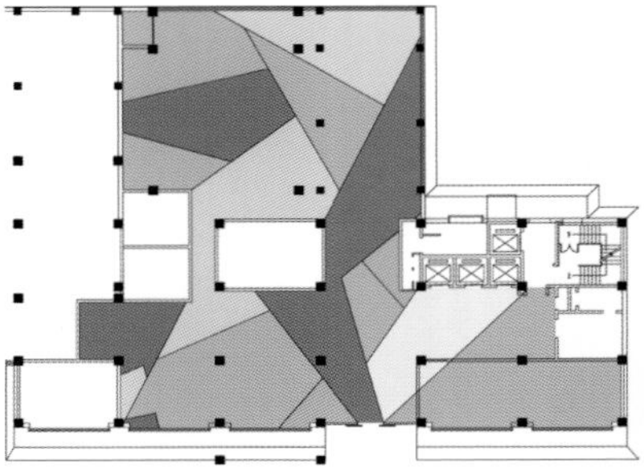
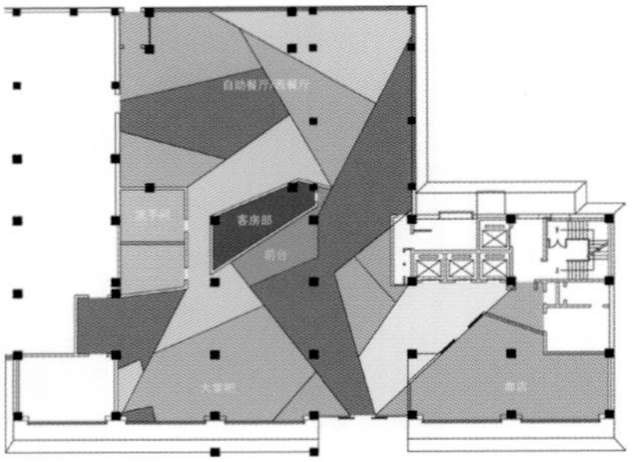

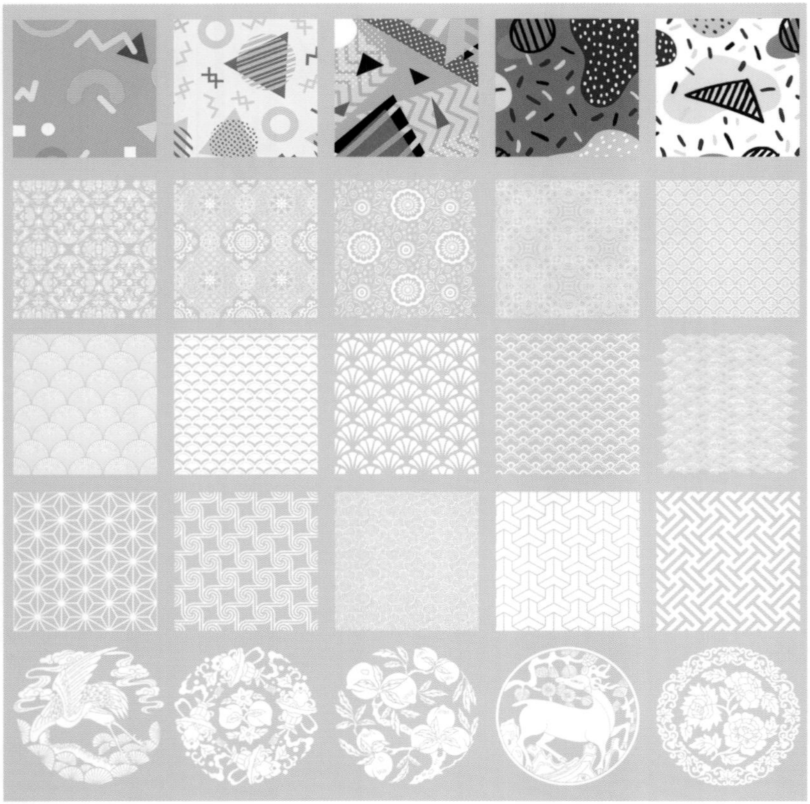

1 2 3
4

1 功能分区
2 地面分割
3 体块调整
4 铺地图案
5 铺地图
6 平面图
7 顶面图
8 大堂吧立面图
9 餐厅立面图
10 整体立面透视

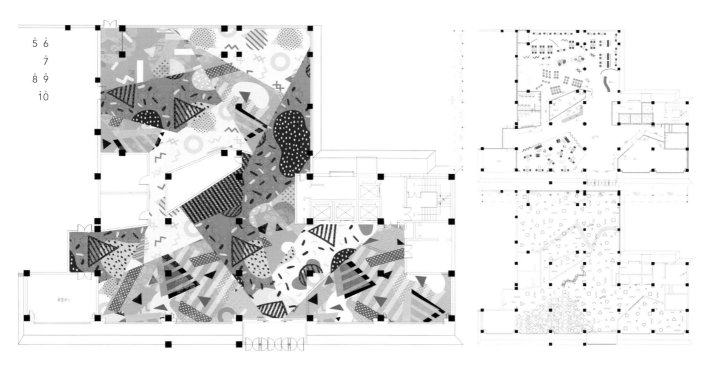

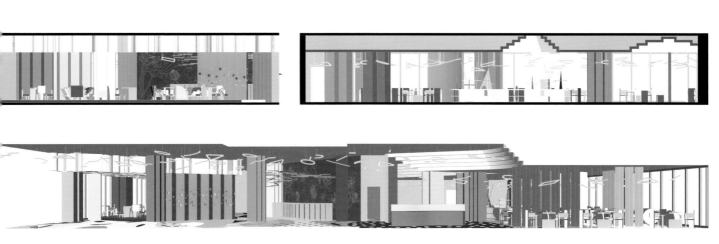

大堂吧效果图

电梯厅效果图

餐厅效果图

02.

INK MOUNTAIN
RHYME
水墨山韵

ZHAN QIANG

———

詹强

设计者希望传达"中国意象",以中国特有的水墨山水画意象演绎空间。整个空间呈现中国水墨山水画的淡雅色调。利用不同材料的特性,或切割组合,或拼贴,或喷砂,形成线条,建构中式山水。大堂顶面用黑镜意喻平静水面,并将整个空间反射,使空间更空灵。墙面则将不同厚度、长度的条状有机玻璃或金属拼合,以底光或侧光勾勒,形成隐约可见的山形。地面大面积铺砌浅色地砖,仅在大堂入口处使用特殊烧铸印制成的瓷板,以中国水墨书画的用笔方式,拼砌成一个大大的"一"。接待台以天然石材片切割堆砌而成。电梯厅部分延续了大堂淡雅的色调和山水中国的主题,更多运用金属材料,利用其反光和磨砂间隔而成的山水意象呼应大堂。餐厅部分继续山水主题,并添加了金属树形格栅、枯山水等元素,增加近人尺度的山水意象。

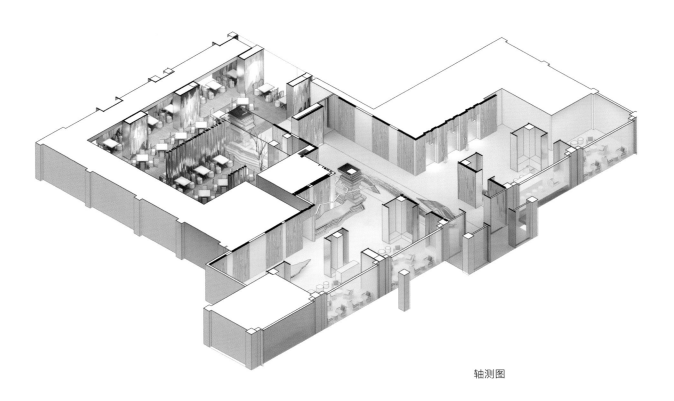

轴测图

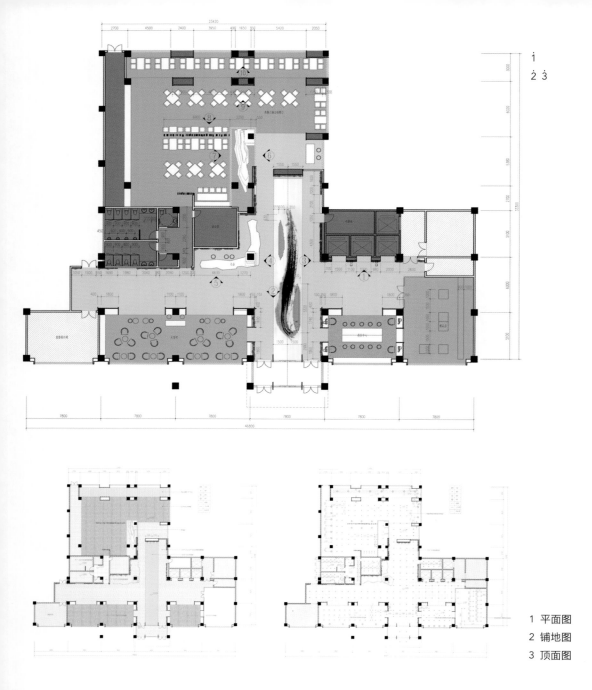

1 平面图
2 铺地图
3 顶面图

4
5
6
7

4~5 提取山体轮廓的线条
  6 将图案拉长，转化为立面纹理
  7 转化为总台家具

1 大堂顶面用黑镜反射整个大堂，加大了大堂的视觉高度。大堂的前台以石片堆叠而成，是山石形象的重构

2 酒店入口处的铺地采用了巨幅笔墨图案，体现泼墨时豪放洒脱的气势。同时流线形的座椅以及起伏的墙面也强调了这一动势

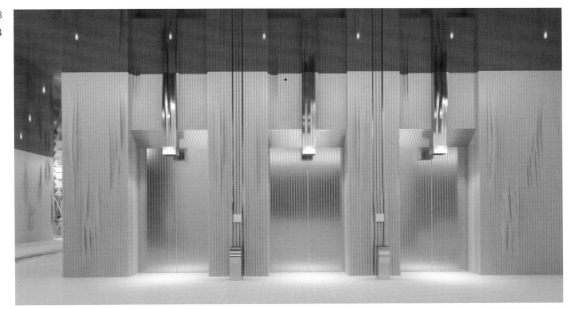

3 电梯的立面延续了入口的处理方式，起伏的石板中嵌入的纤细的金属板，
  与石材粗糙的质感形成对比，体现整体精致典雅的格调

4 餐厅的隔断使用格栅的造型手法，将山水的流动之势融入其中，延续了大堂的造型主题。
  在材料上选择金属材质作为隔断，烘托餐厅华丽的氛围

餐厅中置入内庭院，并采用枯山水的手法，将结构柱转换为雕塑，置入山石，起到划分空间、丰富空间层次的作用

餐厅靠窗部分吊顶标高降低，起到分割空间的作用，并提供了空调的出风空间

吊顶的之下采用水晶灯饰呼应起伏的主题，无论置身室内还是室外，都能体现起伏的效果

餐厅的家具采用素雅洁白的风格，只在椅背上稍作起伏，回应了水墨画中留白的技法，起到衬托的作用

03.

KNIGHT
侠客行

TIAN TIAN

———

田恬

精品酒店对室内空间的要求区别于一般商务酒店。商务酒店的风格一般较为固定，以大气、典雅为主；而精品酒店更倾向于特色化的主题室内设计，风格往往更加自由。课题给出的关键词是"中国风"，在大众认知中，中国风往往倾向于典雅、温和的氛围，本设计另辟蹊径，从"武侠"入手，运用暗黑色系和粗粝元素，试图营造一种锐利、干练的感官体验，呈现一个现代背景下解构的中国式快意江湖"客栈"。酒店大堂的主要空间分为3部分：大堂、休息区以及餐厅。设计中用"凌波微步""明月幽篁"等意象给各个场景指定了趣味性的主题，同时如何将这些场景统一起来也是一项挑战。黑纱吊顶下浅水池的石板营造出侠客点水经过的意象；下沉的休息区被"竹林"包围，用镜面装饰墙面，将视野范围扩大一倍，使客人如临境中。大堂问讯处枕一根横木，夸张到近乎不真实的布景使其更像舞台设计。在材料方面，设计中以石材、不锈钢为主要材料。石料的粗糙与不锈钢的光滑相辅相成，表现武侠坚硬、锋利的一面；黑纱与木则作为柔化的意象加以中和，整体组成完整的武侠世界观：刚柔并济。

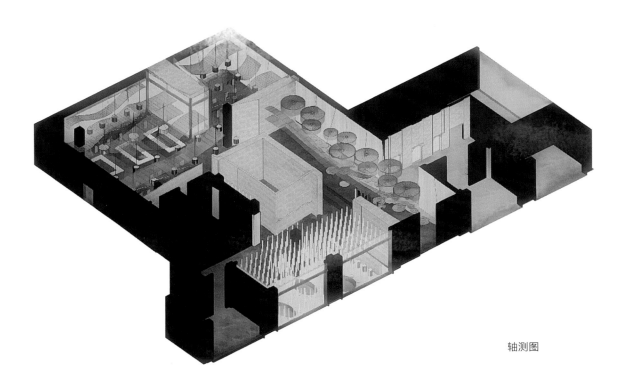

轴测图

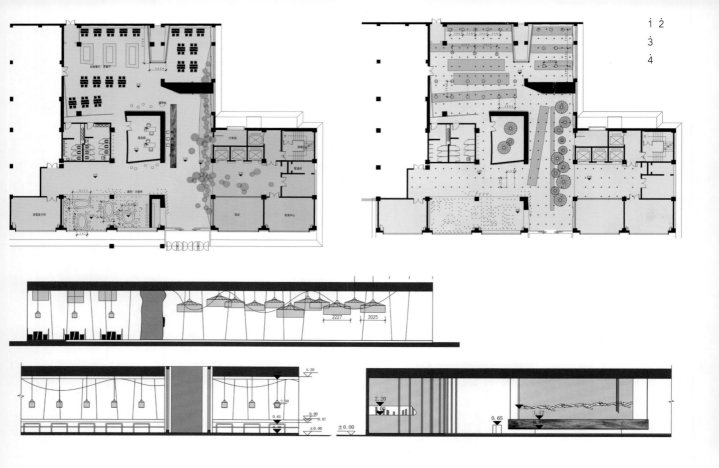

04.

BOX SHADOW DANCE
框中影舞

ZHOU HUAZHEN

———

周华桢

皮影是中国特有的舞台艺术。为了更好地诠释这次"中国风"概念的酒店设计，围绕皮影主题提取4个主要元素，即舞台和方框（空间要素）、纹样与皮影（视觉要素），再将这4个元素进行抽象、提炼和转化，以现代的形态重复出现，构成复杂的空间形态。其中，舞台要素是为了划分和构成空间，而视觉要素则体现在一些细节和近人尺度上的变化上。整个设计是对皮影解构后的再表达，游客身处其中亦能领略到中国传统文化魅力之所在。

轴测表现图

划分功能空间

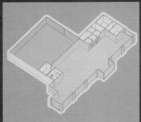

1、将酒店一层按功能划分为两个重要的空间，橙色为酒店空间，黄色为大堂空间，白色为辅助空间。

形成中心"舞台"

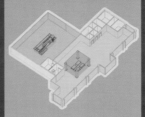

2、将每个划分的部分内最重要的空间（酒店的前台、餐厅的取餐台）放置于中心位置，并通过装饰形成最重要的中心"舞台"。

"云顶"生成

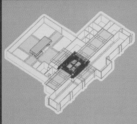

3、通过吊顶和铺地的塑造形成中轴对称的秩序感，进一步提升"舞台"的视觉焦点感。同时舞台正上方采用更为丰富的设计语言。

安插辅助空间

4、在非轴线区域安插上各自的辅助空间，并运用各自的设计语言形成各自的氛围。

交通空间

5、通过隔墙分隔来组织酒店一层的交通秩序，各个空间相互连通而互不打扰。

最终形态

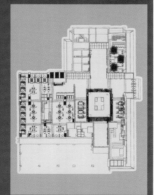

空间生成逻辑

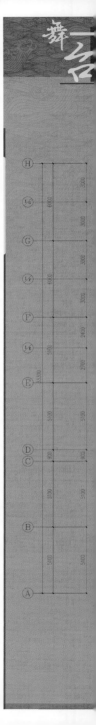

平面图

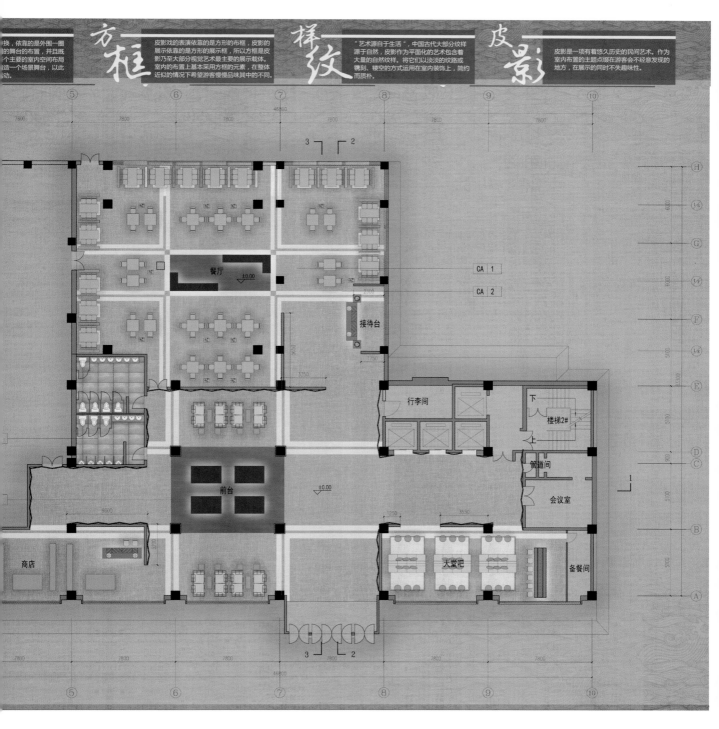

大堂效果图

餐厅效果图

休息区效果图

电梯厅效果图

05.

MEANDERING
STREAM
曲水流觞

WU YIWEN

———

吴伊雯

中国是茶叶大国，中国特有的茶文化不仅是各类茶叶知识，更体现在人文观念上。本设计即以茶作为空间母题。整个空间淡雅素净，展现中国茶所蕴含的空间观念。冲泡茶的流水作为空间要素体现在整个空间布局及地面上，流动的曲线如水流、水线，形成墙和隔断，组织空间。地面采用白沙陶瓷地砖，辅以水波纹样暗喻水。茶叶化身为吊灯，作为大堂的主要灯饰。家具采用竹、木等材料，让人联想到竹林，体现温润内敛。餐厅的顶面用木格栅排列组合成山水意象。

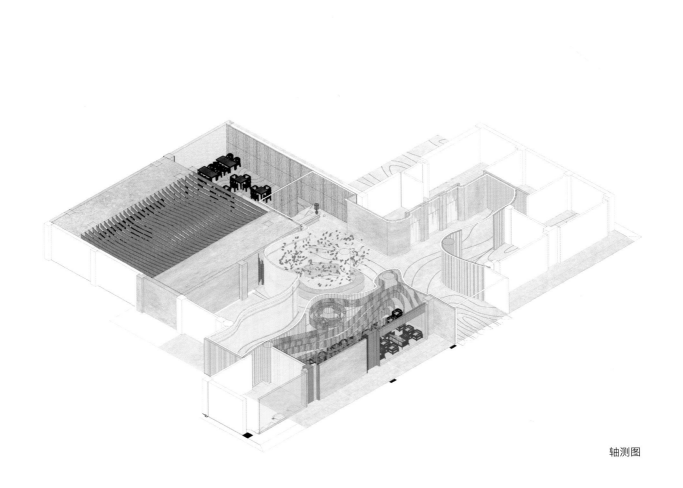

轴测图

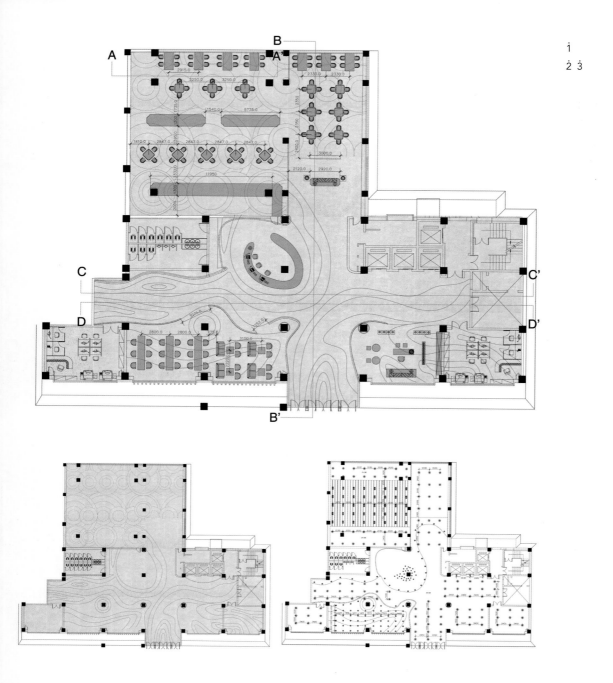

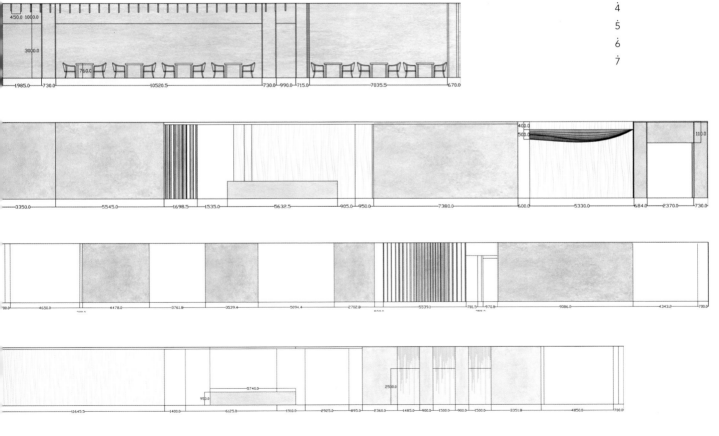

4

5

6

7

大堂休息区

餐厅

电梯厅

06.

SILK
缂·苏

CHEN SHUYING

———

陈淑英

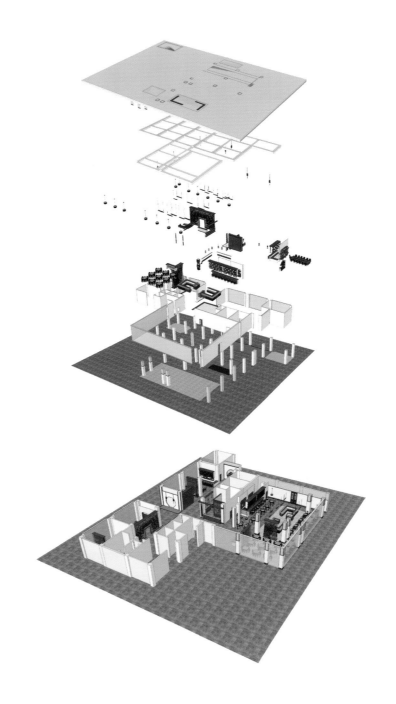

索引图

剖立面图

108

电梯厅
宾客休息处、大堂吧
餐厅接待处

酒吧与取餐处

入口处

大堂接待处

后记

伴随着学科内涵和外延的不断扩展，新时代设计教育"教什么"和"怎么教"一直是教师们关心、讨论的议题。得益于校际交流、校企交流的支持，我们能积极汲取国内外的前沿思潮、技术和经验，为设计教学的"持续发展"注入活力。本次"全筑教席"教学活动正是一次十分有益的尝试。

回顾项目的整个策划、组织和实施过程，首先衷心感谢李振宇院长的长期关心，感谢全筑股份的倾情相助，使得这一活动得以实现。其次，感谢同济大学建筑与城市规划学院建筑系各位领导、同仁的帮助，使这一项目能顺利进行。当然，最重要的是感谢清华大学美术学院张月教授的鼎力支持，4个多月的时间，他每周二次来回奔波于北京、上海两地，为我们带来了独到的见解、极具特色的教学理念和方法，使同学和老师们受益良多。此外，也非常感谢颜隽博士的教学安排和协调工作，感谢傅宇昕助教的协助和同学们的积极配合，使活动最终取得了理想的教学效果，实现了设立"全筑教席"的宗旨。

同济大学建筑与城市规划学院是中国大陆综合类高校最早成立室内设计专业的院系之一，30余年来，以"知识、能力、人格"为宗旨，培育了一批高水平专业人才，成为行业的栋梁。进入新世纪，学院继续秉承"缜思畅想、博采众长"的精神，致力于打造多元开放的"世界建筑港"（Archi-Port）。"全筑教席"教学活动是这一系列努力中的有机组成部分，希望今后不断有中外室内设计名家来分享思想、交流心得，共同推动室内设计教育迈上更高的台阶。

为了向莘莘学子和国内外同行分享"全筑教席"的教学理念，在学院支持下，颜隽博士负责整理、编撰了本书，一方面作为教学成果的总结，一方面也为未来的教学改革提供思路，希望我们的不断探索、不断积累，能为中国的室内设计教育事业做出一些微薄的贡献。

陈易

同济大学建筑与城市规划学院教授、博士生导师
室内设计学科组责任教授
己亥年秋于同济园